科普漫畫系列

趣味漫畫十萬個為什麼

人體篇

洋洋兔 編繪

新雅文化事業有限公司
www.sunya.com.hk

人物介紹

小淘

聰明、淘氣的小男孩，
好奇心極強，經常向叔叔提
出各種問題，其中不乏讓叔
叔「抓狂」的問題。

南南

小淘的妹妹，善
良、可愛，經常熱心地
照顧和幫助周圍的人。
她也像大多數女孩子一
樣，愛打扮、愛漂亮。

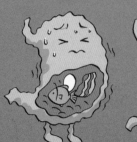

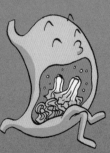

叔叔

十分博學，無論什麼樣的問題都能給予答案。他也很愛幻想，總覺得自己有一天能成為超級英雄。

布拉拉

來自誇啦啦星系的外星人，因為飛船出現故障被迫降落地球，被這個神奇而美麗的星球吸引住了，於是寄住在小淘家學習地球的文化。

一個外星人的奇遇

布拉拉在太空漫遊時，不小心迷失了方向，撞到了地球上（實際上是不好好學習自己星系的文化，被踢出來的）。他被地球美麗的景色所吸引，於是決定定居下來，開始拚命地學習地球文化……

呼！

啾

轟隆一

啊……
救命啊！
這是什麼
怪物?!

劈—

轟！

這怪東西居然會
發電?!

痛死了！

站住！

可惡，把車賠給我們！

布拉拉就這樣被留在地球上……

做快點！你要做25年家務，才能還清欠我們的買車錢！

我真命苦啊……

目錄

為什麼指甲剪了又會再長？　　10

為什麼有的人天生是曲髮？　　14

為什麼人會掉頭髮？　　18

為什麼人有不同的膚色？　　22

為什麼皮膚會被太陽曬紅？　　26

為什麼人會出汗？　　30

為什麼撞傷後皮膚會有瘀青？　　34

為什麼人會抽筋？　　38

為什麼在傷口上撒鹽會痛？　　42

為什麼傷口癒合時會痕癢？　　46

為什麼不能蒙着頭睡覺？　　50

知識加油站：力量的奧秘——肌肉　　54

為什麼有的人不能辨別顏色？　　55

為什麼眼睛會近視？　　59

為什麼打哈欠會流眼淚？　　63

為什麼耳朵進水後聽不到聲音？　　67

為什麼舌頭能夠分辨食物的不同味道？ 　71

為什麼鼻子有時分辨不出味道？ 　75

為什麼感冒後會鼻塞？ 　80

為什麼小孩子會換牙？ 　84

為什麼牙齒會有不同的形狀？ 　88

知識加油站：**大人也長牙——智慧齒** 　93

為什麼人在早上高、晚上矮？ 　94

為什麼洗完澡手指頭會變得皺皺的？ 　98

為什麼肚子餓的時候，會咕嚕響呢？ 　102

為什麼不能空腹喝牛奶？ 　106

為什麼不能邊看書邊吃飯？ 　110

為什麼飯前飯後要休息一會兒？ 　114

知識加油站：**生命的「動力之源」——胃** 　118

為什麼血型要匹配才能輸血？ 　119

為什麼血液是紅色的？ 　123

為什麼久坐久站腳會麻痺？ 　127

為什麼奔跑時心臟會劇烈跳動？ 　131

為什麼人會變老？ 　135

摺紙小遊戲：**溫暖的心** 　138

為什麼指甲剪了又會再長？

小淘！你在做什麼？怎麼可以傷害自己？這個奇怪的東西牙齒好鋒利啊！

奇怪的東西

別緊張，我只是在剪指甲。

不用擔心，指甲剪掉了會再長出來的。

為什麼要把指甲剪掉啊？剪掉了不就沒有了嗎？

為什麼指甲剪掉之後還會長出來？

因為指甲和頭髮都是由人體的蛋白質組成的，可以不斷生長。

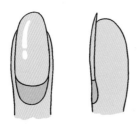

指甲是由一種角質蛋白組成的，這種蛋白從甲牀的表皮細胞演變而來。由於細胞不斷分裂生長，角質蛋白也會不斷產生出來，形成新的指甲。

指甲的生長速度受年齡、健康等因素的影響，與人體新陳代謝速度有關。通常年輕人的指甲生長速度比老人快。

老人？

每周生長1.2毫米

每周生長0.5毫米

我跟你説過多少次了，不許咬指甲！

它長得太快了……

另外，指甲的生長速度也與摩擦程度有關，愛咬指甲的人和用手、指甲多的人，他們的指甲因為不斷受到摩擦刺激，生長速度會比較快。

我怎麼沒有長指甲啊？

為什麼有的人天生是曲髮？

入球了！

漂亮！這個球員的入球真精彩啊！

沒錯，太厲害了！

你們看什麼這麼開心呀？

中國隊對美國隊的籃球賽。

為什麼美國黑人球員的頭髮大多是鬈曲的，而我們中國球員幾乎都是直髮？是因為中國人的頭髮天生不鬈曲嗎？

不，中國人也有曲髮，就是我們常說的「天然曲髮」。

什麼曲髮、直髮？

布拉拉，你沒有頭髮，當然不明白了。

那曲髮是天生的嗎？

頭髮的曲或直是由人的基因決定。有的人天生頭髮就是直的，有的人天生就是曲的，都是正常現象。

直髮髮絲的橫切面接近圓形，而曲髮髮絲的橫切面則接近橢圓形。

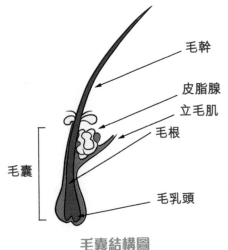

毛幹

皮脂腺

立毛肌

毛根

毛囊

毛乳頭

毛囊結構圖

毛囊是毛髮生長的地方，而頭髮是否鬈曲是取決於毛囊的形狀。直髮的毛囊是呈圓形的，曲髮的毛囊是呈橢圓形的。

另外，人們長期壓力過大或者情緒緊張，頭皮會收緊，毛囊為了爭取生長空間，就會扭曲，這也是造成頭髮鬈曲的原因。

沒有天然曲髮的話，其實也可以燙個鬈曲的頭髮，我一直想試試呢。

一定會很漂亮，我也想試試。

可是布拉拉你沒有頭髮啊！

滋滋滋

外星人也可以有不同髮型的！

為什麼人會掉頭髮？

嘩啊！

嗚嗚……我掉頭髮了……

南南快變成沒頭髮啦！

你這個幸災樂禍的傢伙！

沒關係的，你看我沒有頭髮，也很可愛嘛！

你覺得自己很可愛嗎？

掉幾根頭髮是很正常的，別難過啦。

正常人約有10萬根頭髮，每根頭髮的壽命為2至4年，最長可達6年。

頭髮的「一生」要經歷多個階段，將要脫落的頭髮處於休止期。當頭髮脫落後，健康的新頭髮就會從脫落處生長出來。

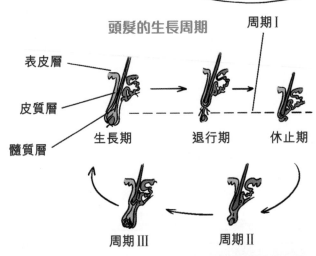

頭髮的生長周期

- 表皮層
- 皮質層
- 髓質層

生長期　　退行期　　休止期

周期I

周期III　　周期II

為什麼人有不同的膚色？

嘩！那裏有個巧克力人！

巧克力人？那這個是什麼人？

這和我們皮膚中的黑色素含量有關係。

存在於皮膚基底層的黑色素細胞為使皮膚免受紫外線的傷害，會產生一種物質，叫黑色素。

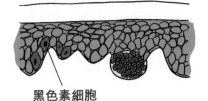

黑色素細胞

皮膚中黑色素含量越高，膚色就越深。相反，黑色素含量越少，膚色就越淺。黑色素會吸收和阻擋紫外線進入皮膚深層，防止皮膚被曬傷。

紫外線的強烈程度從赤道向兩極地區遞減，因此生活在低緯度地區的人膚色較深，生活在高緯度地區的人膚色較淺。

那為什麼很多生活在非赤道地區的黑人，膚色沒有變淺呢？

因為他們的祖先生活在赤道地區，皮膚中的黑色素世代積累，通過基因把膚色一直遺傳下去了。

為什麼皮膚會被太陽曬紅？

陽光真猛烈。

27

當人長時間處於陽光下暴曬時，皮膚會產生黑色素抵禦陽光中的紫外線。

平時不常曬太陽的人，皮膚中的黑色素含量較少，所以沒有足夠的黑色素抵禦紫外線，就容易會出現曬傷的情況。

陽光中的紫外線會破壞皮膚的表層細胞，使皮膚可能會出現發熱變紅，形成紅斑，甚至出現脫皮和起水泡。嚴重曬傷時，皮膚會出現水腫，觸碰會有刺痛感，還可能會導致皮膚癌。

痛！

我也要！我也要遮擋太陽！

喂，剛才是誰説女生愛美的？

叔叔！快過來，不然皮膚會被曬傷的！

與其這樣撐着傘子，還不如趕快到亭裏歇着。

為什麼人會出汗？

好熱啊，出了這麼多汗。

南南，你去車裏拿幾條毛巾來。

好的。

為什麼人會出汗呢？

因為汗液蒸發時能帶走人體的熱量，從而降低體溫。

環境溫度上升時，為了避免體溫過高而出現問題，人體皮膚中的汗腺會開始分泌汗液。這個過程就是出汗，是人體保持體溫正常的一種方式。

人體的汗腺存在於真皮和皮下組織中，汗液從汗腺中排出。汗腺分布於全身皮膚，以腋窩、手掌、腳底及額頭分布最為密集。

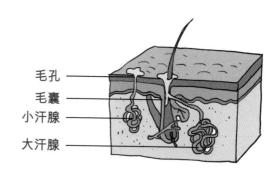

毛孔
毛囊
小汗腺
大汗腺

可是人們在考試、吃辛辣的食物時，也會出汗。

不光是熱的時候會出汗啊，我們緊張時、吃刺激性食物時也會出汗。

除了因為散熱降溫而出汗之外，當我們精神上和味覺受到刺激時，身體也會有出汗的反應。當人在心情緊張、恐懼、興奮等情況下，神經衝動從大腦皮質傳遞到汗腺，導致出汗。

一些味道刺激的食物，例如：辣椒、咖啡等會刺激人體的神經系統，導致我們出汗。

啪！

熱死啦！我要洗個冷水澡！

快告訴我該怎麼做？

你不用洗澡就可以變涼快。

你可以跑步運動一下，再多出點汗，就會感覺涼快了！

這樣只會更熱吧！

為什麼撞傷後皮膚會有瘀青？

喵喵喵！

小貓快掉下來了！

牠被卡住啦！

怎麼辦啊？

這不是樹的顏色，是瘀青。

什麼是瘀青？

那是由撞傷形成的皮下出血。

人體的皮膚下面有很多的微血管，這些血管運輸身體所需的各種物質，一旦受到碰撞會引起血管破裂，血液就會積聚在皮膚表層下，形成瘀青。

受傷後，在1-2天內進行冷敷可以幫助減輕疼痛，此時熱敷則會加重出血；2-3天以後應改用熱敷，可以活血化瘀。

受傷後1-2天　　受傷後2-3天

嘩嘩

叔叔，我來幫你冷敷！

啊，太凍啦！不用這麼多冰啦！

喵喵！

哎呀，小貓又卡在煙囪裏了！

喵！

叔叔……

為什麼人會抽筋？

我們回來啦！

小淘，今天你怎麼沒去上課？你生病了嗎？

你不會是找借口逃學了吧！

逃學可不是好孩子！

我沒有騙你們呀！我真的生病了！我患了非常嚴重的腿痛病！

今天早上起牀後，我的小腿一抽一抽地痛，痛得不能走路了！

什麼是腿痛病？

是不是痛一小會兒就不痛了？

是的……

既然不痛了，你還賴在家裏不去學校？你這不過是抽筋罷了。

抽筋？是指把筋抽出來嗎？！

當然不是！怎麼可能？

抽筋是指身體全身或局部肌肉痙攣，肌肉不受控制地抽搐並造成肌肉僵硬疼痛，多發生於四肢。抽筋大多是由於缺乏鈣質、受涼、局部神經或血管受壓而引起的。勞累過度、缺水、肌肉長時間保持同一姿勢時也容易發生抽筋。

身體中的鈣質能夠調節神經，防止其過於興奮。當體內鈣含量低於正常值時，神經、肌肉不再受到鈣質的調節，就會出現抽筋現象。肢體受涼或神經受到壓迫就會造成血流不暢，使肌肉中的氧含量減少，容易引起抽筋。

多補充鈣質吧！

所以，抽筋並不是生病，只要補充鈣質和水分、注意休息、加強保暖，就可以預防抽筋。

原來有這麼多誘因，那我是因為什麼抽筋呢？

我看你抽筋的原因是睡眠過多，一動也不動……

看來你根本沒有生病。

既然沒生病，你快去完成今天的作業吧！還有，明天有數學測驗！

唉！真不想去上學……

為什麼在傷口上撒鹽會痛？

啊！

叔叔，你怎麼了？

我的手指差點兒被刀削掉了！

清潔傷口用的是生理鹽水，不是鹽啦！

有什麼區別嗎？

生理鹽水可以消毒，鹽只會讓傷口更痛。

當沒有水分的鹽粒接觸到傷口，就會將人體細胞內的水分「吸」走，引起細胞脫水，導致傷口表面的細胞收縮，所以會覺得痛。

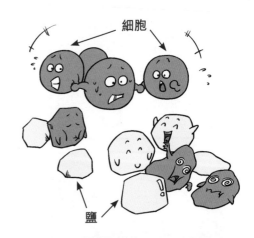

細胞

鹽

可是，生理鹽水裏也有鹽，為什麼它接觸到傷口就不會感到痛？

因為生理鹽水中的鹽濃度和人體中的鹽濃度是一樣的。

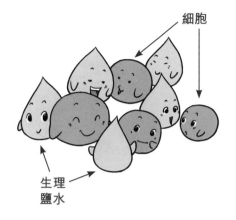

細胞

生理
鹽水

生理鹽水是濃度為0.9%的氯化鈉溶液，和人體內的鹽濃度相等，因此，當生理鹽水接觸傷口時，不會刺激細胞。

使用生理鹽水清洗傷口，可以沖掉傷口處的大部分細菌，防止感染。

原來鹽粒會吸走水分。那醃肉就是利用這個原理吧？

是啊，剛才布拉拉就差點把我的手指頭醃了……

為什麼傷口癒合時會痕癢？

叔叔，你的傷口還痛嗎？

傷口已經差不多癒合了，但是現在比痛更難受。

比痛更難受？那是什麼感覺？

是痕癢啊！

為什麼傷口癒合的時候會癢？

這是因為皮膚癒合時神經比較敏感。

皮膚受傷時，如果傷口較深，傷及血管和神經，在傷口癒合的後期，皮膚中就會長出新的血管和神經。

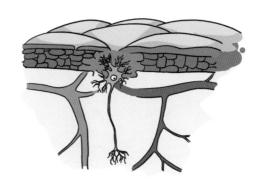

這些新生的血管和神經特別密，神經細胞十分敏感，稍微受到刺激，就會產生癢的感覺。

這麼說，你的手指快好啦？

是啊。

……

我們吃完了！

別走！今天該到誰洗碗了？

既然你的手指快好了……

今天就你來洗碗吧！

叔叔辛苦啦！

你們這羣懶傢伙！

為什麼不能蒙着頭睡覺?

叔叔的鼻鼾聲好大啊!

好吵,睡不着了。

把頭蒙上就聽不見叔叔的呼嚕聲了!

扯開！

怎麼了？

不可以蒙着頭睡覺啊。

？

蒙着頭睡覺，你會變傻的。

你們這幾個小鬼在吵什麼，怎麼還不睡？

還不是因為你……

為什麼不能蒙着頭睡覺啊？

那樣會缺氧的。

睡眠時，人體的各種器官仍然在工作，需要血液持續供氧，僅人腦的耗氧量就佔整體耗氧量的20%。

當你蒙着頭睡覺時，棉被阻礙了空氣進入。在被窩裏，氧氣會隨呼吸次數增多而減少，二氧化碳則會越來越多。

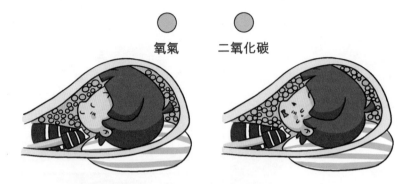

氧氣　　　二氧化碳

我們蒙着頭睡覺，會引致血液中的二氧化碳濃度增加，器官得不到足夠氧氣就會無法正常運作。身體缺氧會導致肌肉酸痛、頭痛、做噩夢等情況。

噩夢中……

原來蒙着頭睡覺會對身體不好啊！

明白了吧？明白了就趕緊睡！

你們不睏嗎？

我這是老毛病了，沒辦法啊。

當然睏啊……

但是你打鼻鼾，吵得我們睡不着。

不如叔叔你來看守吧，這樣你就不會打呼嚕，我們也能睡了。

這是個好主意！

喂！你們這幾個自私的傢伙！

晚安！

力量的奧秘——肌肉

我們的身體能夠隨意活動，除了有賴骨骼、關節和皮膚，還需肌肉的幫忙。肌肉是人體的重要部分，它使我們能走路、跑跳、攀爬和進行其他動作。人體通過肌肉之間的收縮和舒張來完成各種動作。人體內有三種不同的肌肉，包括：平滑肌、骨骼肌和心肌。

平滑肌存在於消化道、血管、呼吸道等人體器官中，它能夠長時間拉緊並維持張力，大多數受自主神經系統控制。例如，腸、胃中的肌肉每天都在不停運作，但人們一般不會察覺到。

骨骼肌通常附着於骨骼上，它可以自由收縮，但容易疲勞。骨骼肌可隨我們的意志進行收縮，神經系統會向骨骼肌發出指令控制它的活動。

心肌是位於心臟的肌肉組織，它不受意識控制，會不停地收縮和舒張，不會感覺疲勞。因此，心臟可以不停地跳動。

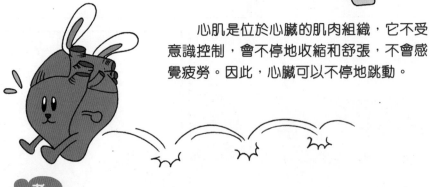

考考你

心臟連接了哪些重要的血管？

。脈靜大脈動主：案答

為什麼有的人不能辨別顏色？

下個身體檢查項目是檢查眼睛。

到了。

眼科

這些花花綠綠的圖案能用來檢查眼睛？

是啊，如果不能辨別這些圖案，就有可能是色盲呢。

什麼是色盲？

色盲是指不能辨別某些顏色。

怎麼會有人辨別不出顏色？

紅、綠、藍是光的三原色，其他各種顏色都是由這三色光按不同比例混合而成的。人眼中的視網膜上長有三種視錐細胞，分別對這三色光有特殊的感覺能力，所以眼睛能辨別各種各樣的顏色。

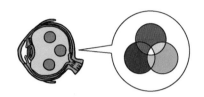

患有色盲症的人，由於基因或視覺系統存在缺陷，無法分清紅、綠、藍三原色，只能看到部分顏色，有些甚至無法看到顏色。這種情況也存在於動物中，比如狗的眼睛看世界就比較單調，因為牠們缺乏辨別紅色的視錐細胞。

你們的眼睛都很健康。

你要不要檢查一下呢？

我們誇啦啦星的生物，才不會生這麼奇怪的病呢！

為什麼眼睛會近視？

小淘，別擋在電視前面啦！

你靠得那麼近，當心變成「四隻眼」！

什麼是「四隻眼」啊？

一雙眼睛加一副眼鏡，就是「四隻眼」啦！我才不會變成近視呢！

等你真變成近視了，後悔都來不及。

我就這樣看這一次，怎麼可能會近視呢？

你這已經不是第一次這樣了。

「近視」是什麼？是必須要靠近才能看清東西嗎？

近視就是看不清遠處的景物，近看的景物則比較清楚。

近視是因為眼球前後直徑過長，影像焦點落在視網膜前面，而不在視網膜，形成一個模糊不清的影像。

眼球的後側有一層視網膜，上面有許多感光細胞，感光細胞受到光線的刺激，將光線轉化為神經信號，傳到大腦而形成了視覺。

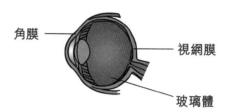

角膜

視網膜

玻璃體

近視者的眼球的眼軸過長，景物反射至眼球中的光線無法將焦點落在視網膜上，因而人無法看清遠處的物體。

我們可以配戴近視眼鏡（凹透鏡）來矯正視力，鏡片把光線折射令焦點後移，影像準確地投射到視網膜上，近視者就能看清景物了。

正常的眼睛

近視的眼睛

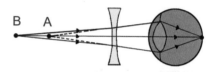

B　A

未戴上眼鏡前只能看清A點距離內的東西，戴上眼鏡後可看清楚B點距離內的東西。

那我們怎麼做才不會近視呢？

首先是預防。

看電視或電子屏幕時，不要靠太近；不要在光線暗的地方或顛簸的環境下看書。

眼睛疲勞時，可以做護眼操，多看綠色景物。此外，還要保持營養均衡，不能挑食。

如果坐得離電視太近，眼睛很容易疲勞，最後就會造成眼軸過長，形成近視。

所以你們不可以坐那麼近看電視。

歡迎收看本期《時尚女郎》……

喂，剛才誰說不可以坐那麼近看電視的？

節目開始了！

為什麼打呵欠會流眼淚？

小淘，你不會做功課也用不着哭呀！

我們的眼睛會不停地分泌眼淚。但平時分泌的眼淚很少，僅沿着眼球表面和眼皮裏面的微細空隙流動。

眼淚是由淚腺分泌的淚水，包含水分、油脂、蛋白質和黏液，具有潤滑眼球的作用。人的眼角內側有一條管道叫「鼻淚管」，它會將淚水引流到鼻腔。

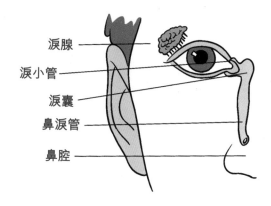

淚腺
淚小管
淚囊
鼻淚管
鼻腔

打呵欠時，隨着一股氣體從嘴巴有力地吸入，面頰、舌和咽喉的肌肉緊張收縮壓迫淚囊和淚腺，積在眼睛裏的淚水就從眼眶溢出。

同樣的原理，人在大笑、打噴嚏、
咳嗽、嘔吐時，也會因為淚腺受到擠壓
而流淚。

我們要快點做完作業，還有半小時動畫就播映了。

不做完就不能看啊。

布拉拉，你也打呵欠了嗎？

不，練習簿上這些題目，我一道都不會……

到底誰是愛哭鬼？！

為什麼耳朵進水後聽不到聲音？

現在能聽見聲音了嗎？

嗯，而且感覺耳朵裏有水流出來了。

為什麼耳朵裏有水就聽不到聲音呢？

因為水把鼓膜擋住了，聲音就傳不進去了。

空氣振動形成聲波，聲波從外耳道傳至鼓膜，引起鼓膜的振動，再傳向中耳。

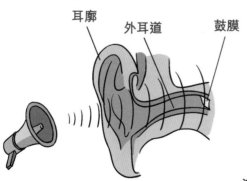

耳廓

外耳道

鼓膜

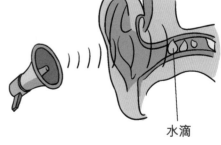

水滴

如果水進入外耳道，水阻隔了聲波傳入，鼓膜與外界處於隔離狀態，就無法傳遞聲波了。

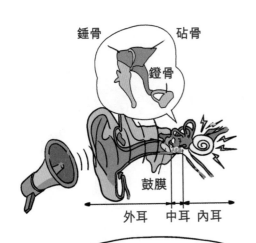

錘骨　　砧骨

鐙骨

鼓膜

外耳　中耳　內耳

耳朵分為外耳、中耳、內耳三個部分。聲波就像接力賽跑一樣，從外耳的鼓膜傳給中耳後面的三塊聽小骨（錘骨、砧骨、鐙骨），再傳至內耳的耳蝸，耳蝸將聲音轉化為神經刺激傳至大腦的中樞聽覺系統，大腦就會對聲音做出反應。

如果耳朵不小心進了水，可以側頭及輕拉耳廓向上，做單腳跳躍或張開嘴動作讓水流出；或是用棉花球在耳道外吸乾水分。

千萬不要用手或別的尖銳的東西去掏耳朵，如果弄破耳道導致感染就麻煩了。

知道了。

我們該回家了吧？你們不累嗎？

哎呀，我們的耳朵進水了，聽不見叔叔說什麼。

喂！別裝沒聽見！

為什麼舌頭能夠分辨食物的不同味道？

小淘加油！

快點！快點跑呀！

小淘！你要是跑得第一名，我就請你吃大餐啊！

叔叔，你說話要算數啊。

你還真會挑地方。

幸好小孩子飯量小，吃不了太多⋯⋯

這個是什麼？看起來好像綠茶雪糕⋯⋯

等一下！布拉拉！那是⋯⋯

好辣啊！

那是山葵⋯⋯

為什麼我們可以嘗出不同的味道呢？

因為我們的舌頭上有味蕾分辨味道。

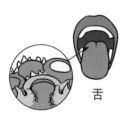

味蕾

舌

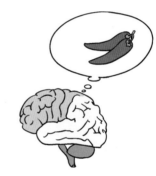

味蕾是人體的味覺感受器，一般成年人的舌頭上大約有9,000至10,000個味蕾，而每個味蕾由50到100個味覺細胞構成。人吃東西時，味蕾受到不同味道的刺激，將信息由味覺神經傳送到大腦味覺中樞，然後大腦就會分析食物的味道。

不同區域的味蕾，對不同味道的敏感度也不一樣。舌尖能感受到甜味，舌頭兩側能分辨酸味和鹹味，舌根則能分辨苦味。

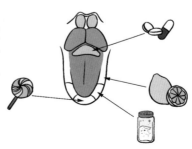

為什麼鼻子有時分辨不出味道？

我們帶着蛋糕回來啦！

我們⋯⋯

‼

小淘，你臉色怎麼那麼難看，不會是生病了吧？

沒事！我只是剛在廚房被醋味嗆到！

這個剛烤好的蛋糕是鄰居姨姨送的，很香呢！你快聞聞！

嗅！

！

小淘，你不喜歡嗎？

不是不喜歡！只是我聞不到蛋糕的香味了。

難道你的鼻子壞了？

糟了！我一定是生病了！我的鼻子聞不到味道了！

不會啦！你剛才不是說聞到醋味了嗎？

布拉拉別亂說！

糟了！

別那麼緊張，你只是被醋味刺激了一下鼻子，暫時失去嗅覺而已。

為什麼會這樣啊？

這個主要是和鼻子裏的嗅覺細胞有關。

嗅覺受器細胞

鼻腔黏膜分布着10,000個嗅覺受器細胞,這些細胞經由神經與大腦相連。

當氣味散發的微粒子與嗅覺受器相遇時,嗅覺受器會將感受到的刺激轉化成特定信息,通過嗅球傳入大腦,於是就產生了嗅覺,人就聞到了氣味。

好香的烤雞!

但是,如果嗅覺細胞受到強烈的刺激,或頻繁嗅聞氣味,就會產生麻木感,不能感應到氣味分子,大腦也就無法辨識所嗅到的氣味。

以後想嗅氣味的時候,不要把鼻子湊得太近!

你可以用另一種方式聞聞。

我們用手把物體周圍的空氣扇過來聞，就可以避免直接刺激鼻子了。

嗅！

叔叔，你炒的是什麼菜啊？

‼

醋溜白菜！你們不識貨！

這個菜好像放得太多醋了！

幸好，我們還有這個美味的蛋糕，晚飯有着落了！

太好了！

為什麼感冒後會鼻塞？

街上真是熱鬧啊！

麥當當

百貨公司

賣紅薯啦！快來買剛出爐香噴噴的烤紅薯呀！

烤紅薯

嘩！

嘩！

叔叔⋯⋯叔叔⋯⋯

好吧，買給你們啦！

太好了！

南南，你不想吃嗎？烤紅薯要被他倆吃完了！

我怎麼聞不到烤紅薯的香味⋯⋯

乞嚏！

難道你聞了什麼刺激的氣味？

沒有，我只是感冒，鼻子塞了⋯⋯

為什麼感冒會鼻塞？

因為感冒時會流很多鼻涕嘛！

鼻腔內有一層具有豐富微血管和纖毛的黏膜，這層黏膜會分泌少量黏液——鼻涕。鼻涕會黏住吸入鼻腔的微塵和微生物，保護呼吸道免受感染。

當我們患上感冒時，病菌入侵鼻腔，使鼻黏膜發炎，微血管擴張，鼻子內腔腫脹，產生大量黏稠的鼻涕，所以就會感到鼻子塞住，什麼氣味也聞不出來。

原來是這樣，鼻子會幫助我們阻擋細菌……

我鼻子塞住了，好難受啊……

只要多休息，感冒很快就會好啦！

乞嚏！

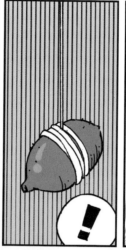

！

真可惜啊，這麼香的烤紅薯，你聞不到！哈哈！

你們太過分了，我以後也不會再跟你們分享好吃的蛋糕了！

對不起，我們錯了！

哼！

為什麼小孩子會換牙？

今天是南南的生日，我們要好好給她慶祝呀！

南南，生日快樂！

南南！猜猜這是什麼禮物？

對！猜猜裏面有沒有糖果？

你都說出來了，還猜什麼？

南南，你怎麼不說話？身體不舒服嗎？

我快變成沒有牙的老人了！

不好啦，南南的牙齒沒有了！快去醫院！

別害怕，這個是正常的現象，你是在換牙！

真的嗎？什麼叫換牙！

呀！

兒童吃的食物比較容易咀嚼，而且他們的嘴巴比較小，所以牙齒就長得較小，稱為乳齒。乳齒是人生長的第一副牙齒，共20顆，上下頜各有10顆。

隨着兒童長大，他們便需要換上一副更大、更堅硬結實的牙齒，稱為恆齒。兒童一般約六歲開始換牙，乳齒會自動脫落由恆齒取代，共32顆，上下頜各16顆。

真的嗎？我還會再長新牙？

對，新的牙齒整齊又堅固，就像我這樣……

我之所以這麼有魅力，這一口好牙可是功不可沒呢！

嘻嘻……

那我就可以盡情地吃糖果啦！

南南！吃太多糖果對牙齒不好啊！

沒關係，反正牙齒掉了還會再長出來！

我忘了告訴你，記住人一生中只會換一次牙！

巧克力

為什麼牙齒會有不同的形狀？

我的花生啊！

哎喲！

你怎麼了？

咦？你又掉了一顆牙。

太好啦！又一顆！

我把自己掉落的乳齒都收集起來了！

你們看！

為什麼這些牙齒長得不太一樣啊？

每顆牙齒有不同的功用，所以形狀就各有不同了。

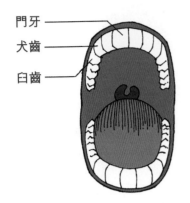

門牙
犬齒
臼齒

長在前方正中的是門牙，分正門牙和側門牙。門牙的形狀扁而寬，專門用於切斷食物。而門牙兩邊各有一對尖形牙齒叫犬齒，負責撕裂食物。位於口腔後排的大牙齒叫做臼齒，分小臼齒和大臼齒，負責將食物磨成小塊。

據科學家研究，生活在數百萬年前的非洲南方古猿的牙齒比現代人類的更為堅硬。他們需要用牙齒啃食各種堅硬的乾果，還要撕咬生肉。牙齒因為承受很大的壓力，所以慢慢變得堅固、鋒利。

我喜歡吃七分熟的牛排。

伴隨着人類的進化，食物變得越來越精細，加上刀叉等工具使用，人類進食時牙齒承受的壓力越來越小，牙齒（特別是犬齒）逐漸變得不那麼鋒利了。

你們平日一定要愛護自己的牙齒！

好！

不要用牙齒咬堅硬的食物如骨頭、硬殼類等，以免牙齒崩裂。

核桃

豆腐

大豆

豆角

我們除了要早晚刷牙，保持口腔衞生，還可以多吃含有豐富鈣質的食物來補充身體的鈣質，有助鞏固骨骼和牙齒健康。

唉！看來不能吃花生了。

小淘，你晚飯時不要吃太硬的食物了！

唉，真可惜，本來我今天還想給你們烤骨的。

別說了。

叔叔做的菜……實在是不敢恭維。

……

同意！

我們今天乾脆去外吃牛肉拉麵吧！

你們這羣傢伙……

大人也長牙——智慧齒

此乃智人之相也！

相傳古時候有一位少年皇帝，已近成年時又長出新牙齒，整日疼痛難忍。驚慌的皇帝便問大臣們那是什麼徵兆，一位大臣拍馬屁說這是智者才有的症狀，皇帝聽聞大喜。這可能就是「智慧齒」名稱的由來。

人的一生中會長出兩副牙齒：乳齒和恆齒。年幼時期，約六個月大開始就要經歷長牙的過程。兒童在大約6歲起乳齒開始脫落，被恆齒所取代，在此之後將不再換牙。

你該退休了。

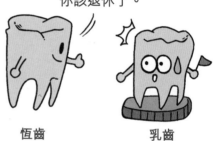

恆齒　　　　　　乳齒

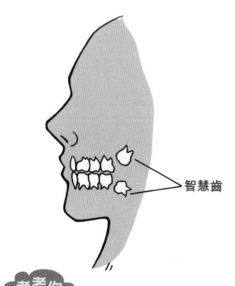

智慧齒

恆齒一般在6至14歲長出，但最裏面的四顆臼齒（第三臼齒）較特殊，一般人在18至30歲才長出，有的人甚至終生不會長出。因為這個階段是人們的生理、心理發育接近成熟，被看作「智慧到來」的象徵，故稱它為「智慧齒」——智慧之齒。

考考你

哪些動物會定期換牙？

答案：鯊魚、某些爬蟲類。

為什麼人在早上高、晚上矮？

今天學校體檢，小淘在為他的身高悶悶不樂呢。

小淘，你怎麼了？

在學校量身高不準確！比我早上量的少了整整1厘米！

為了這個，他就一直愁眉苦臉到現在。

你們的身體檢查是不是在下午進行的？

這是因為人的身高會出現「早上高、晚上矮」的情況。

叔叔，你怎麼知道的？

咦？這是為什麼？

這和脊椎的舒展程度有關。

脊椎骨之間有一種富含水分的軟骨組織（椎間盤），平時人體直立行走活動，軟骨組織中的水分被壓迫排出，導致脊椎骨之間的距離縮小，身長就相對變短了。

經過一晚上的平躺休息，人體的脊椎已經放鬆，液體又恢復至脊椎骨之間，脊椎骨之間的距離隨之擴展。早晨起牀後，身高就會相對變高。

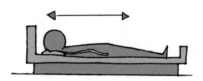

同時，夜晚是人體骨骼發育的黃金時期。骨骼間的造骨細胞活動頻繁，產生一些軟骨層，因此身高變高。但白天隨着人們的活動，軟骨層部分損壞，所以身高會有所縮減。

總之我很不開心啦！

所以啊，量身高時出現一兩厘米的誤差是很正常的。

算啦！我去做功課了！

為什麼小淘這麼介意那1厘米誤差？

其實小淘最介意的是他比我矮1厘米。

我怎麼會比女生矮?!

原來是為了這個不服氣呀！

為什麼洗完澡手指頭會變得皺皺的？

啊──

洗完澡真舒服啊！

來，喝瓶汽水吧！

謝謝！

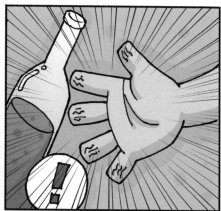

呀！小淘，你的皮膚生病了！

手指上的皮又皺起來了，每次洗完澡都會這樣。

我們游泳後，手指也會這樣皺皺的。

為什麼會這樣？難道水裏有什麼奇怪的東西？

不是啦，那是因為手指上的油脂層消失了。

　　人體的皮膚上有一層薄薄皮脂，這層油脂可以防止皮膚直接從外界吸收水分。可是當身體浸泡在溫水或熱水中一段時間後，這層油脂就會被溫水除去，因此皮膚就開始直接吸收水分。

　　另外，手指會皺皺的並不是單純因為水滲透的原因，這也是神經系統對潮濕環境的反應。神經系統會發出指令，收縮皮膚底下的血管，造成表皮起皺，以加強我們手指和腳趾的抓握力。

　　皮膚分為表皮、真皮和皮下組織。皮膚吸水的部分是表皮層的細胞。當外層細胞吸水膨脹而導致皮膚表面積增大時，內層細胞則膨脹較小，外層皮膚在擠壓之下就產生了起皺現象。而皮膚起皺的情況常出現在手指和腳趾部位是因為它的表皮層細胞較厚，膨脹效果明顯，也可能與該部位缺少彈性豐富的皮下脂肪有關。

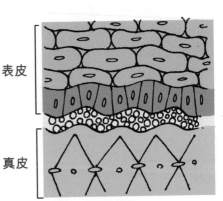

表皮

真皮

原來皮膚裏水分太多也會讓皮膚變皺啊。

難怪……

難怪什麼？

為什麼肚子餓的時候，
會咕嚕響呢？

星期天不能好好的睡懶覺，還要帶你們來公園寫生，真累呢。

你好！請問這附近的銀行在哪裏？

我知道銀行的位置，不如我帶你去吧。

啊，太好了，謝謝你！

他剛才還是沒精打采的。

看到美女就精神了。

別一去就不回來了……

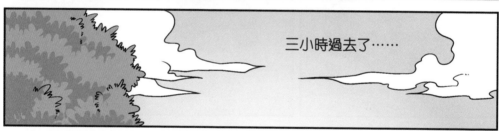

三小時過去了……

叔叔難道真的不回來了？

該吃午飯了吧？

咕嚕

咕嚕

食道
賁門
幽門

胃裏的食物排空以後，賁門*向幽門方向的收縮更加明顯，使人感到肚餓，也是提醒人應該進食的一種信號。

*賁門：（粵音：斌門）是人或動物消化道的一部分，為食道和胃的接口部分。

空腹時，胃裏其實還有一些液體和氣體。液體包括由胃黏膜分泌出來的消化液和水分，而氣體則是隨着吞嚥動作進入胃裏的空氣。當胃壁劇烈收縮時，液體和氣體就會被擠壓而發出聲音。

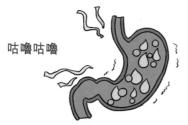

咕嚕咕嚕

叔叔，你給人家帶路怎麼去了那麼久啊？

這個……

我剛才請那個美女吃了一頓飯，真高興啊！

哼，你真過分！

好啦！好啦！我請你們吃好吃的啦！

為什麼不能空腹喝牛奶？

咣咣噹噹

是誰這麼吵啊？

不會是小偷吧？

聲音好像是從廚房那邊傳過來的。

誰在那兒？
不許動！

原來是布
拉拉啊！

你半夜裏跑到廚
房來做什麼？

我肚子餓了，想
找些食物吃。

誰讓你晚餐時
不吃飯，只顧
看電視。

布拉拉，
吃飯了。

不吃啦，我要看
完這個動畫。

可是你這會兒也不能喝牛奶啊。

冰箱裏只有牛奶……

為什麼不能喝牛奶呢？

因為空腹喝牛奶對腸道不好。

空腹時腸胃蠕動得很快，牛奶中的蛋白質還沒被完全吸收就被排到大腸。

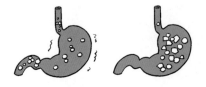

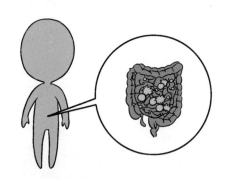

有些人身體內乳糖酶含量較少，無法有效地分解牛奶中的乳糖。當牛奶進入腸道後，會被腸道內的細菌分解而產生大量的氣體、酸液，刺激腸道收縮，出現腹痛、腹瀉。

如果你現在要喝牛奶的話，可以搭配一些穀類食物。

布拉拉，你怎麼了？看起來臉色不太好。

想拉肚子……

所以說，不要空腹喝大量牛奶。小淘，你去照顧布拉拉。南南，你去倒杯溫水。我去找藥。

為什麼不能邊看書邊吃飯？

小淘吃早餐時也在看書，真勤奮啊！

他才不是勤奮，他是在「臨急抱佛腳」。

今天上午有測驗，昨晚忘記溫習了……

小淘，先把書收起來，不能邊看書邊吃飯。

為什麼吃飯時不能看書？是怕會把書弄髒嗎？

才不是，而是會影響腸胃。

大腦負責指示我們身體的所有運作。在吃飯的時候，大腦會全力指揮胃部產生消化液的分泌量，以及消化過程。

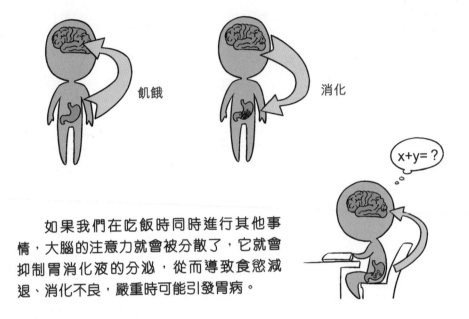

如果我們在吃飯時同時進行其他事情，大腦的注意力就會被分散了，它就會抑制胃消化液的分泌，從而導致食慾減退、消化不良，嚴重時可能引發胃病。

為什麼飯前飯後要休息一會兒？

你們幾個今天是怎麼了？我做的飯好吃吧？

不好吃……

那你們怎麼會吃得這麼快？

今天體育館有乒乓球比賽。

吃完飯後,我們要去參加!

我們吃完了!

等一下,別急着去,先休息一會兒啊。

可是我們剛吃完飯，不累啊。

為什麼要休息呢？

你們雖然不覺得累，但是你們的胃部很忙，不要打擾它的消化工作。

當食物進入胃裏後，我們的胃和腸道需要加緊進行消化，這時它們需要大量的供血來維持工作。

當我們吃飯後，就馬上進行劇烈運動或腦力思考活動，體內的大部分血液就會被輸送至肌肉或大腦中，剩下供胃腸進行消化的血液就會少了。這樣就會影響胃的消化功能，食物就無法被充分消化。

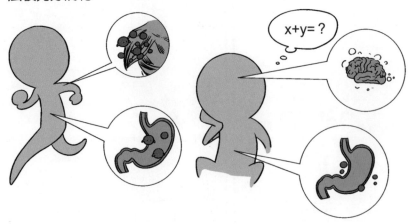

如果吃完飯馬上運動或用腦，未被完全消化的食物殘渣通過腸道時，可能會進入闌尾，造成闌尾梗阻，引發闌尾炎。

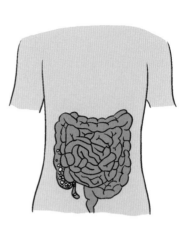

不只是飯後，飯前半小時內最好也不要做高強度的腦力和體力活動。剛運動完就馬上進食的話，血液無法快速地供給胃，也會引起消化不良。

如果坐車的話 10 分鐘就到了，還不會有劇烈運動。

可是，比賽還有 40 分鐘就要開始了。

我們走過去就要花半小時啊。

叔叔，你開車送我們過去吧！

我真的是給自己找麻煩……

生命的「動力之源」──胃

胃是人類最主要的消化器官，外形就像一個袋子，位於腹腔上部，上連食道，下接小腸。

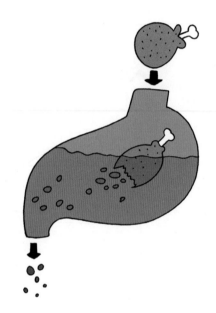

當食物進入我們的身體，首先會到達胃裏儲存起來，胃會對食物進行初步消化，將食物攪拌並研磨成漿，接着食物會進入腸道，進入漫長的消化旅程。

全賴胃部把食物的消化處理，讓腸道得以更容易吸收食物中的養分，為我們的身體提供能量來維持運作。

考考你

我們進餐後，人體大約需要多少時間才能完全消化食物呢？

答案：8至12個小時。人體消化吸收需和膳食組織的不同時間略有，也與膳食種類有密切關係。

為什麼血型要匹配才能輸血？

你總是那麼淘氣！看，現在骨折了！

我也沒想到我會掉下來的。

趕快安排輸血!

請問哪位是AB型血?

那個護士姐姐在找什麼?

她在尋找血型相同的人來捐血,給大量失血的傷者輸血。

請問你是AB型血嗎?我們現在急需AB型血液。

很抱歉,我不是……

叔叔,你怕打針捐血嗎?

才不是……我的血液不吻合呢。

叔叔,你真小氣,你體格強壯,就算血型不對,捐一點兒又不會怎麼樣。

輸入不吻合的血型後果嚴重,隨時可致命的。

為什麼會這樣？

因為不同血型會彼此排斥，引起溶血反應，影響血液凝固。

人體的血液主要包含四種成分，包括：紅血球、白血球、血小板及血漿，各有不同功用。血漿裏含有水分、抗體、凝血因子等成分。血型是根據紅血球細胞表面的抗原種類決定的，包括：A型、B型、AB型和O型。

血型	抗體	輸血時可接受血型
A	B	A, O
B	A	B, O
AB	沒有	A, B, AB, O
O	A、B	O

血液中不同的抗原會和某些抗體「打架」

血液裏所含有的抗原和抗體各有不同，以致輸血時身體可接受的血型也不一樣。A型血者有B型抗體；B型血有A型抗體；AB型沒有抗體；O型則有A及B型抗體。

抗體就是身體受到抗原刺激所產生的物質，血液中的抗原和抗體就像一對「冤家」，碰到一起就要「打架」，例如A型血的抗體會攻擊B型血，身體就會產生急性溶血反應，令血液不能輸送養分和氧氣，可能會引起腎功能衰竭及其他併發症，甚至致命。因此，人們不能隨便輸血，否則會危害生命。

我是AB型。

請跟我來。

唉，可惜我幫不上忙。

要不然這種關鍵的時候，我這個英雄怎麼會袖手旁觀？

……

這個，我看還是不用了。等以後有需的時候再說吧。哎呀！這麼晚了，該回家了，我去開車。

你要是想捐血現在也不遲啊！不管什麼血型，先捐出，以後總有用的。

對啊！說不定哪天就能救急了。

你們不知道，叔叔有暈血症，一看到血他就會暈過去。

為什麼血液是紅色的？

南南今天又要大顯廚藝了。

需要我們幫忙嗎？

幫我去取番茄醬吧！

好的！

為什麼人的血液是紅色的，而不是其他顏色的呢？

真的是番茄醬呢，剛才還以為你受傷了。

看起來就像流血，因為都是紅色的。

這個主要由血液中紅血球的比例決定。

人的血液中包含血細胞，包括紅血球、白血球和血小板，其中紅血球的數量最多，佔整體血量的45%左右。大量的紅血球使血液呈紅色。

白血球

血小板

紅血球

血紅蛋白分子

紅血球之所以看起來紅色的，是因為細胞內有一種含鐵的蛋白質——血紅蛋白。

血紅蛋白能將吸入肺部的氧氣運送至全身，同時也會把體內的二氧化碳運到肺部，並呼出體外。血液就是這樣在我們體內循環，為人體提供所需的氧氣和營養物質。

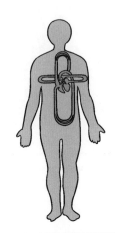

唉，圍裙弄髒了，這件是新買的……

這可以馬上拿去清洗，總比受傷流血好。

布拉拉，你也把番茄醬弄到身上了嗎？

呀！我流血了！肯定是剛才摔倒時弄傷的！

叔叔，醒醒啦！我逗你玩呢！這個也是番茄醬，不信你嘗嘗吧。

為什麼久坐久站腳會麻痺？

小淘，我要出去晨操，你要一起去嗎？

我不去了，我要看電視。

小淘，我要去買午飯，你要一起去嗎？

小淘，我們晚飯要出去吃拉麵，你去嗎？

我不去了，我要看電視。

我去！

哎呀！

你怎麼了？！

我的腳好難受！站不穩了！

你是不是又抽筋了？

肯定不是抽筋！我的腳感到刺痛了，好像有很多小刺在扎着。

那是你的腳麻痺了吧？久坐或久站了都容易出現這種情況。

是的，你今天在沙發上坐了一整天。

為什麼坐久了腳會麻痺？

這主要是因為久坐擠壓到了腿部神經，使血液循環不暢順。

長時間保持某個姿勢不動就會擠壓血管，壓迫血管附近的神經，肢體就會產生麻木的感覺。

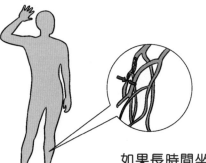

如果長時間坐着或站着，地心引力會使血液積聚在下肢的靜脈中，靜脈內壓力增加，血漿中的水分就會轉移至下肢組織間隙中。積聚的液體過多，腿就會腫脹，感到麻痺。

腿麻痺時，應立刻改變姿勢，小範圍活動一下，如單腳離地以腳尖畫出8字，或是躺下雙腳併攏舉起，做踏單車動作，使不同的肌肉均衡受力，減輕麻痺的感覺；或者對麻痺部位進行熱敷，也能舒緩肌肉。

唉，這什麼時候才不再麻痺啊？

誰叫你一整天都賴在沙發上看電視。

怎麼樣？你還能走嗎？

要不我們就別外出了，還是在家吃晚飯吧。

沒事！一會兒就好了！我們快出去吃飯吧！

其實我們也可以叫外賣的……

那我們還是叫外賣吧！

為什麼奔跑時心臟會劇烈跳動？

巴士來了！

快追，追不上我們就要再等半小時才有下一班車了！

呼哧

呼哧
呼哧

心臟跳得好快。

「咚咚咚」地跳，像敲鼓似的。

我們只不過是跑了幾步，為什麼心臟跳得這麼厲害？

因為運動時身體的血液循環加快，增加了心臟的工作。

在胸腔裏，心臟、肺部和血管都是我們身體重要的循環系統。心臟會不停收縮和舒張，使血液在人體中的動脈和靜脈裏流動，把血液輸送到全身，以維持我們的生命。

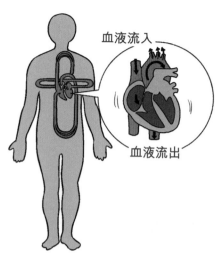

血液流入

血液流出

進行劇烈運動時，身體所需的能量和耗氧量增加，這促使心臟加快跳動，以加快血液循環的速度。

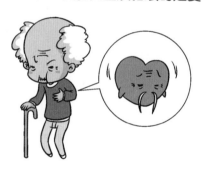

如果心臟跳動過慢，血液供應不足，身體得不到所需的氧氣和營養，人體就會感到頭暈，嚴重時甚至會引致突然昏迷，危害性命。

所以，我們平日要注意健康飲食和多做運動，以保持心臟和身體健康。

叔叔這麼壯健，心臟一定很健康。

那當然，沒有健康的心臟怎麼當英雄？!

那我們比比誰的心臟更健康吧，看誰先跑到那裏！

喂！你們等等我！照顧一下長輩啊！

為什麼人會變老？

老婆婆，你沒事吧？
有沒有受傷？

沒事沒事……人老了，腿不好使了。

謝謝你們啊！

為什麼人會變老呢？為什麼不能永遠是年輕的樣子呢？

因為人的身體也有「使用期限」啊。

人體細胞通過分裂、分化，使人體生長發育。

細胞分裂的次數有限，隨着能夠再分裂次數的減少與外界有害物質的傷害，以及細胞損傷等因素，人體的免疫力就會開始下降，器官也逐漸衰老，最終死亡。

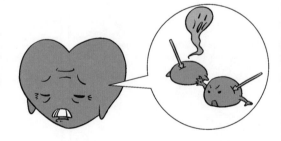

當人進入老年期後，體力和免疫力下降也是細胞衰老造成的。

那就是説，我以後也會變得和那個老婆婆一樣了？

既然人會成長，自然也會變老的。

哈哈，將來南南也會變成一位漂亮的阿姨了。

那麼，小淘你以後也會長成叔叔這個樣子嗎？

我才不要長成那個樣子⋯⋯

你這麼説是什麼意思啊？！

溫暖的心

　　人體的構造十分奇妙，人們仍在研究探索人體的奧秘呢！心臟是人體的重要器官，一起來摺出一顆心，然後把它送給你重要的家人和朋友吧！

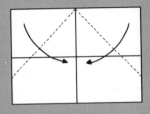

1. 先準備一張長方形紙，沿圖中虛線把兩角向下摺。

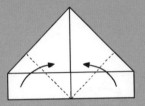

2. 把下面兩角沿圖中虛線向上摺。

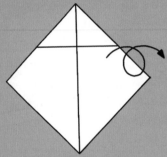

3. 翻到背面。

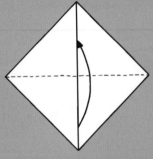

4. 上下對摺一半成一個三角形。

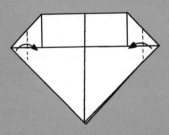

5. 把旁邊兩角沿圖中虛線向內摺。

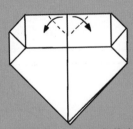

6. 把中間兩角沿圖中虛線向下摺。

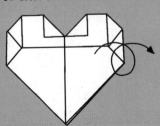

7. 翻到背面。

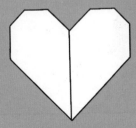

8. 一顆心就完成了！

科普漫畫系列

趣味漫畫十萬個為什麼：人體篇

編　　繪：洋洋兔
責任編輯：胡頌茵
美術設計：陳雅琳
出　　版：新雅文化事業有限公司
　　　　　香港英皇道 499 號北角工業大廈 18 樓
　　　　　電話：（852）2138 7998
　　　　　傳真：（852）2597 4003
　　　　　網址：http://www.sunya.com.hk
　　　　　電郵：marketing@sunya.com.hk
發　　行：香港聯合書刊物流有限公司
　　　　　香港荃灣德士古道220-248號荃灣工業中心16樓
　　　　　電話：（852）2150 2100
　　　　　傳真：（852）2407 3062
　　　　　電郵：info@suplogistics.com.hk
印　　刷：中華商務彩色印刷有限公司
　　　　　香港新界大埔汀麗路 36 號
版　　次：二〇一八年九月初版
　　　　　二〇二四年四月第八次印刷

ISBN: 978-962-08-7127-6
Traditional Chinese edition © 2018 Sun Ya Publications (HK) Ltd.
18/F, North Point Industrial Building, 499 King's Road, Hong Kong
Published in Hong Kong SAR, China
Printed in China

本書中文繁體字版權經由北京洋洋兔文化發展有限責任公司，
授權香港新雅文化事業有限公司於香港及澳門地區獨家出版發行。